官方兽医培训系列教材
动物检疫操作图解手册

犬、猫、蜜蜂及实验动物检疫操作

图解手册

中国动物疫病预防控制中心 ◎ 组编

中国农业出版社

北 京

图书在版编目（CIP）数据

犬、猫、蜜蜂及实验动物检疫操作图解手册/中国动物疫病预防控制中心组编．—北京：中国农业出版社，2024.3

（动物检疫操作图解手册）

ISBN 978-7-109-31805-2

Ⅰ.①犬… Ⅱ.①中… Ⅲ.①犬-动物检疫-图解②猫-动物检疫-图解③蜜蜂-动物检疫-图解④实验动物-动物检疫-图解 Ⅳ.①S851.34-64

中国国家版本馆CIP数据核字（2024）第047567号

中国农业出版社出版

地址：北京市朝阳区麦子店街18号楼

邮编：100125

策划编辑：周晓艳　王森鹤

责任编辑：王森鹤

版式设计：杨　婧　责任校对：吴丽婷　责任印制：王　宏

印刷：中农印务有限公司

版次：2024年3月第1版

印次：2024年3月北京第1次印刷

发行：新华书店北京发行所

开本：700mm×1000mm　1/16

印张：4

字数：76千字

定价：40.00元

丛书编委会

主　任：陈伟生　冯忠泽

副主任：徐　一　柳焜耀

委　员：王志刚　李汉堡　蔺　东　张志远

　　　　高胜普　李　扬　赵　婷　胡　澜

　　　　杜彩妍　孙连富　曲道峰　姜艳芬

　　　　罗开健　李　舫　杨泽晓　杜雅楠

本书编写人员

主　编：秦　彤　赵　婷　刘俞君

副主编：武江丽　张　莹　杨卫铮　杨雨晴

　　　　李研东

编　者（按姓氏笔画排序）：

　　　　由欣月　丛晓燕　吕艳丽　刘小宝

　　　　刘俞君　李　扬　李少晗　杨卫铮

　　　　杨雨晴　张　莹　张宇鑫　张志远

　　　　陈　鑫　武江丽　赵　婷　赵永攀

　　　　赵雨晨　胡　澜　逢国梁　秦　彤

　　　　徐　一　徐宵妍　郭家鹏　唐晓云

　　　　常　鹏　韩若婵　蔺　东

前言

　　《犬、猫、蜜蜂及实验动物检疫操作图解手册》是"动物检疫操作图解手册"系列丛书之一。本书按照相关检疫规程及《农业部　科学技术部关于做好实验动物检疫监管工作的通知》（农医发〔2017〕36号）的有关规定，系统地介绍了犬、猫、蜜蜂和实验动物的检疫流程、检疫方法，详细介绍了犬、猫、蜜蜂检疫对象及其临床症状、病理变化，以及实验室检测方法，适用于中国境内犬、猫、蜜蜂和跨省运输实验动物的产地检疫。本书共分为三章，内容包括检疫程序、检疫方法、检疫对象及检查内容。

　　本书是专门针对犬、猫、蜜蜂以及实验动物检疫工作的彩色图解，涉及动物的群体检查、个体检查以及12种主要疫病的临床诊断等方面，收录的照片多是由参编人员亲自拍摄。本书可作为行业管理人员、官方兽医以及各级兽医诊断实验室工作人员的重要工具书。

　　由于作者水平有限，时间仓促，书中不足之处恳请读者批评指正。最后，再次感谢参编人员的真诚合作，也感谢提供照片的所有专家。

编　者
2024年1月

c o n t e n t s

目 录

前言

第一章 检疫程序

本章主要讲述了犬、猫、蜜蜂以及实验动物的产地检疫流程，从申报受理、查验资料、临床检查、实验室检测以及检疫结果处理等方面，以流程图的形式将犬、猫、蜜蜂以及实验动物的检疫程序呈现给读者，一目了然（图1-1至图1-4）。

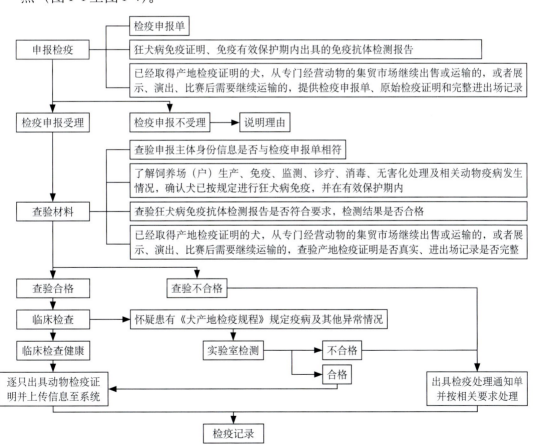

图1-1 犬产地检疫流程图

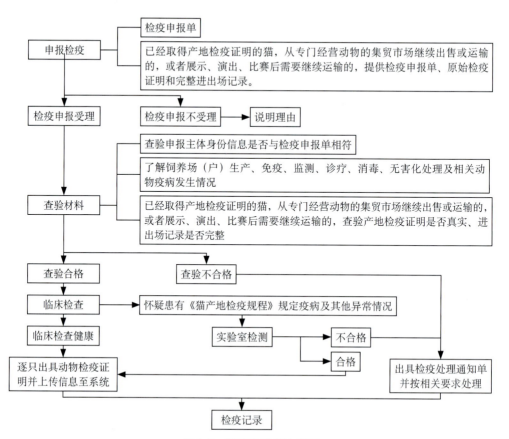

图1-2 猫产地检疫流程图

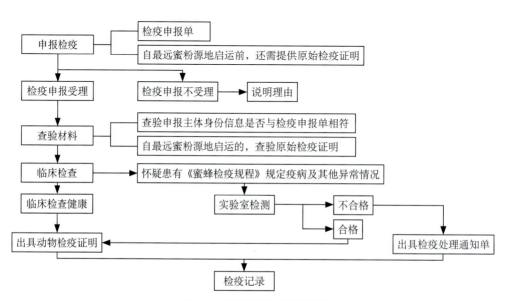

图1-3 蜜蜂产地检疫流程图

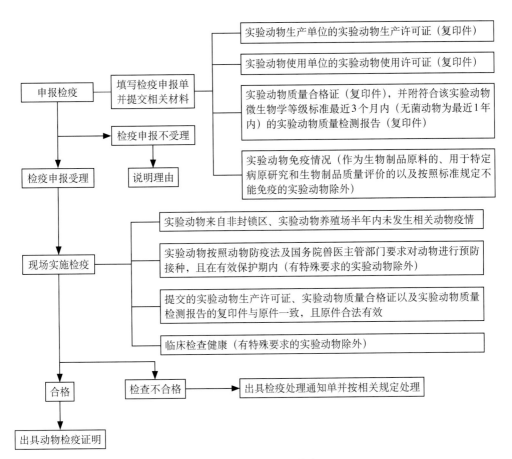

图1-4 实验动物产地检疫流程图

第二章　检疫方法

检疫方法分为申报受理、查验资料和临床检查。动物卫生监督机构在接到检疫申报后，根据申报材料审查情况和当地相关动物疫情情况，决定是否予以受理。查验资料包括查验申报主体身份信息，了解养殖场（户）生产、免疫、监测、诊疗、消毒、无害化处理及相关动物疫病发生情况，查验实验动物生产许可证、实验动物质量合格证以及实验动物质量检测报告等。临床检查主要包括群体检查和个体检查。群体检查指从静态、动态和食态等方面对动物进行检查；个体检查主要指通过视诊、触诊和听诊等方法对动物进行检查。

第一节　申报受理

经营或运输犬、猫、蜜蜂及跨省调运实验动物前，饲养者应提前3天向所在地动物卫生监督机构申报检疫。

货主应填写检疫申报单，还应按照动物种类提供相应材料。对于犬的检疫申报，提供狂犬病免疫证明、免疫有效保护期内出具的免疫抗体检测报告；从专门经营动物的集贸市场继续出售或运输的，或者展示、演出、比赛后需要继续运输的犬、猫，应提供原始检疫证明和完整进出场记录；对于蜜蜂的检疫申报，自最远蜜粉源地启运前，还需提供原始检疫证明；对于实验动物的检疫申报，应提供生产单位实验动物生产许可证和使用单位的实验动物使用许可证（图2-1）的复印件、实验动物质量合格证，并附符合规定的实验动物质量检测报告以及实验动物免疫情况。鼓励使用"动物检疫管理信息化系统"申报检疫。

图2-1 实验动物使用许可证
(由秦彤提供)

　　动物卫生监督机构接到检疫申报后，应当及时对申报材料进行审查。根据申报材料审查情况和当地相关动物疫情状况，决定是否予以受理。对于犬的免疫抗体检测，要求每只犬均进行狂犬病免疫抗体检测并出具报告(图2-2)，出具报告的时间在狂犬病免疫的有效保护期内均可，实验室疫病检测报告应当由动物疫病预防控制机构、取得相关资质认定、国家认可机构认可或者符合省级农业农村主管部门规定条件的实验室出具。对于蜜蜂，动物卫生监督机构在接到检疫申报后，根据蜂场所在地县级区域内蜜蜂疫情情况，决定是否予以受理。对于实验动物，应根据实验动物品种的质量等级（普通级、清洁级、SPF级和无菌级），查验强制免疫情况、实验动物质量检测报告（无菌动物为最近1年内，其他质量等级动物为3个月内）。作为生物制品原料的、用于特定病原研究和生物制品质量评价的以及按照标准规定不能免疫的实验动物可不实施强制免疫。

　　动物卫生监督机构应当予以受理的，应当告知货主实施检疫的具体时间和地点，并及时指派官方兽医或协检人员到现场或指定地点核实信息，开展临床健康检查；不予受理的，应当说明理由。

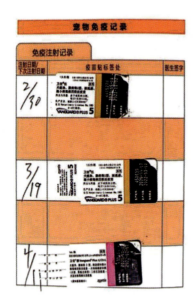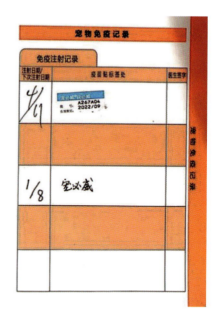

图2-2　犬免疫证明
（由秦彤提供）

第二节　查验资料

（1）查验申报主体身份信息是否与检疫申报单相符。申报检疫主体可以是单位，也可以是个人，无论单位还是个人均应查验相关的佐证材料。例如，申报检疫时填写的个人姓名，查验资料时应当核对该人的身份证等有效证件信息，防止随意申报行为。

（2）了解犬、猫饲养场（户）生产、免疫、监测、诊疗、消毒、无害化处理及相关动物疫病发生情况。犬只应当查验狂犬病免疫信息，确认按照规定进行免疫，并在免疫有效保护期内。

（3）犬需要进行狂犬病免疫抗体检测，查验狂犬病免疫抗体检测报告。重点检查报告出具时间是否在免疫有效保护期内，报告出具的单位是否为动物疫病预防控制机构、取得相关资质认定、国家认可机构认可或者符合省级农业农村主管部门规定条件的实验室出具，报告显示的检测结果是否合格。

（4）已经取得产地检疫证明的犬、猫，从专门经营动物的集贸市场继续出售或运输的，或者展示、演出、比赛后需要继续运输的，查验产地检疫证明是否真实、进出场记录是否完整。

（5）蜜蜂自最远蜜粉源地启运，应当查验原始检疫证明。

（6）实验动物应查验提交的实验动物生产许可证、实验动物使用许可证、实验动物质量合格证以及实验动物质量检测报告复印件与原件一致，且原件合法有效。

第三节　临床检查

一、犬、猫群体检查

从静态、动态和食态等方面对动物进行检查。主要检查犬、猫群体精神状况、外貌、呼吸状态、运动状态、饮食情况及排泄物状态等。

1. **静态检查**　在犬、猫安静情况下，观察其精神状态、外貌、立卧姿势、呼吸等，注意有无咳嗽、气喘、呻吟等反常现象（图2-3）。

2. **动态检查**　在犬、猫自然活动或者被驱赶时，观察其行动姿势、精神状态和排泄姿势。注意有无行动困难、肢体麻痹、步态蹒跚、跛行、屈背弓腰、离群掉队及运动后咳嗽或呼吸异常现象，并注意排泄物的性状、颜色等（图2-4）。

3. **食态检查**　检查犬、猫饮食、咀嚼、吞咽时的反应状态。注意有无不食不饮、少食少饮、异常采食，以及吞咽困难、呕吐、流涎、退槽等现象（图2-5）。

图2-3　犬群体静态观察
（由马明提供）

图2-4　犬群体动态观察
（由马明提供）

图2-5　犬食态观察
（由马明提供）

二、犬、猫个体检查

通过视诊、触诊和听诊等方法进行检查。主要检查犬、猫个体的精神状况、体温、呼吸、皮肤、被毛、可视黏膜、胸廓、腹部、体表淋巴结、排泄动作及排泄物性状等。

1.视诊　检查犬、猫的精神状况、呼吸、皮肤、被毛、可视黏膜、排泄动作及排泄物性状等（图2-6至图2-12）。

图2-6　观察犬的精神状况、呼吸、皮肤、被毛等（由刘小宝提供）

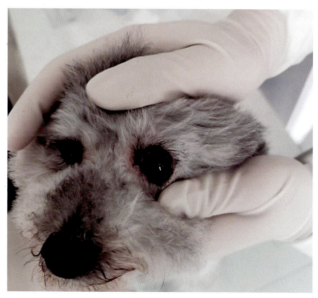

图2-7　检查犬的可视黏膜（由刘小宝提供）

图2-8　检查犬的排泄动作及排泄物性状
（由刘小宝提供）

图2-9　观察猫的精神状况
（由刘小宝提供）

图 2-10 检查猫的可视黏膜
（由刘小宝提供）

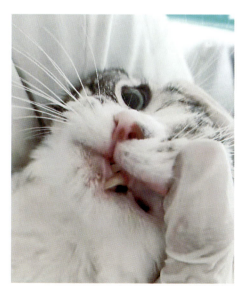

图 2-11 检查猫的口腔黏膜
（由刘小宝提供）

图 2-12 检查猫的排便状态

2.触诊　检查犬、猫的皮肤（腹股沟）温度，胸廓、腹部敏感性，体表淋巴结的大小、形状、硬度、活动性、敏感性等，必要时进行直肠检查（图2-13至图2-16）。

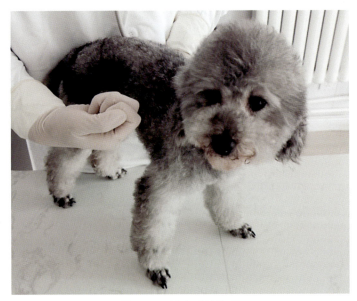

图2-13　检查犬的胸廓
（由刘小宝提供）

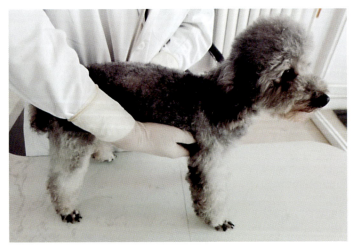

图2-14　检查犬的腹部
（由刘小宝提供）

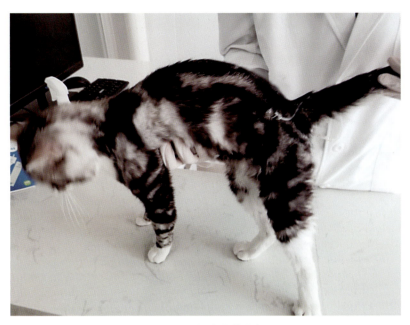

图2-15　检查猫的胸部
（由刘小宝提供）

图2-16　检查猫的腹部
（由刘小宝提供）

3.听诊　检查犬、猫的咳嗽声、心音、肺泡气管呼吸音、胃肠蠕动音等（图2-17、图2-18）。

图2-17　犬心肺听诊
（由刘小宝提供）

图2-18　猫心肺听诊
（由刘小宝提供）

4.检查生理常数　检查犬、猫的体温（图2-19、图2-20）、脉搏、呼吸是否正常（表2-1）。

图2-19　检查犬的体温
（由刘小宝提供）

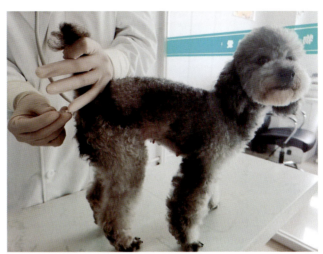

图2-20　检查猫的体温
（由刘小宝提供）

表2-1　犬、猫生理常数

动物种类	体温（℃）	脉搏（次/分）	呼吸（次/分）
犬	37.5 ~ 39.0	70 ~ 120	10 ~ 30
猫	38.0 ~ 39.5	110 ~ 130	10 ~ 30

三、蜜蜂群体检查

1.箱外观察 　了解蜂群来源、转场、发病、治疗及蜜源等情况，观察全场蜂群活动状况、核对蜂群箱数，观察蜂箱门口和附近场地蜜蜂飞行及活动情况，观察有无爬蜂、死蜂和蜂翅残缺不全的幼蜂（图2-21至图2-23）。

图2-21　观察蜂箱门口（一）
（由武江丽提供）

图2-22 观察蜂箱门口（二）
（由武江丽提供）

图2-23 观察蜂箱周围蜜蜂活动情况
（由武江丽提供）

2.**抽样检查** 按照至少5%（不少于5箱）的比例抽查蜂箱，依次打开蜂箱盖、副盖，检查巢脾、巢框、箱壁和箱底的蜜蜂有无异常行为；检查箱底有无死蜂；检查子脾上卵虫排列是否整齐，色泽是否正常（图2-24至图2-27）。

图2-24　依次打开蜂箱盖、副盖进行检查
（由武江丽提供）

图2-25　检查巢脾、巢框及箱壁蜜蜂（一）
（由武江丽提供）

图2-26　检查巢脾、巢框及箱壁蜜蜂（二）　　　　　图2-27　检查子脾
　　　　　（由武江丽提供）　　　　　　　　　　　　　　（由武江丽提供）

四、蜜蜂个体检查

主要对成年蜂和子脾进行检查。

1. 成年蜂　主要检查蜂箱门口和附近场地蜜蜂的状况（图2-28至图2-30）。

图2-28　成年蜂个体检查（一）
（由武江丽提供）

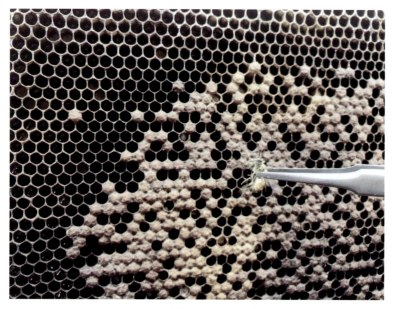

图2-29 成年蜂个体检查（二）

图2-30 成年蜂个体检查（三）

2.子脾　每群蜂取封盖或未封盖子脾2张以上，主要检查子脾上封盖幼虫、未封盖幼虫和蛹的状况（图2-31至图2-34）。

图2-31 检查子脾上的封盖幼虫（一）
　　　　（由武江丽提供）

图2-32 检查子脾上的封盖幼虫（二）
　　　　（由武江丽提供）

图2-33　检查子脾上的未封盖幼虫（一）
（由武江丽提供）

图2-34　检查子脾上的未封盖幼虫（二）
（由武江丽提供）

第三章　检疫对象及检查内容

本章主要介绍了犬、猫和蜜蜂的产地检疫对象和检查内容。犬的产地检疫对象包括狂犬病、布鲁氏菌病、犬瘟热、犬细小病毒病、犬传染性肝炎；猫的产地检疫对象包括狂犬病和猫泛白细胞减少症；蜜蜂的产地检疫对象包括美洲蜜蜂幼虫腐臭病、欧洲蜜蜂幼虫腐臭病、蜜蜂孢子虫病、白垩病、瓦螨病、亮热厉螨病。下面主要从临床症状和病理变化两方面对以上动物疫病的检疫进行详细介绍。

第一节　犬产地检疫

一、产地检疫对象

产地检疫对象包括狂犬病、布鲁氏菌病、犬瘟热、犬细小病毒病、犬传染性肝炎。

二、检查内容

（一）狂犬病

狂犬病又称恐水症，是由狂犬病病毒引起的一种严重侵害中枢神经系统的急性人畜共患传染病，临诊特征是神经兴奋和意识障碍，继之局部或全身麻痹而死亡。

【临床症状】病犬行为反常，易怒，有攻击性，狂躁不安，高度兴奋，流涎（图3-1）；有的狂暴与沉郁交替出现，表现特殊的斜视和惶恐；自咬四肢、尾及阴部等；意识障碍，反射紊乱；消瘦，声音嘶哑，夹尾，眼球凹陷，瞳孔散大或缩小；恐水；下颌下垂，舌脱出口外，流涎显著，后躯及四肢麻痹，卧地不起，最终衰竭而死亡（图3-2至图3-5）。出现以上症状的病犬，怀疑感染狂犬病。

图3-1　病犬兴奋狂暴，口流涎液，常主动攻击人畜
（引自夏威柱，2009）

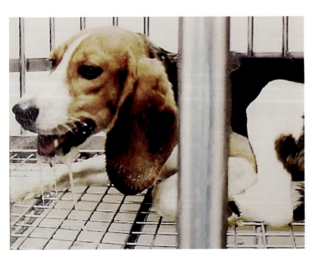

图3-2　病犬进入麻痹期后张口呼吸，口流大量涎液
（引自孙锡斌等，2004）

图3-3 病犬进入麻痹期，表现麻
痹症状
（引自崔治中等，2013）

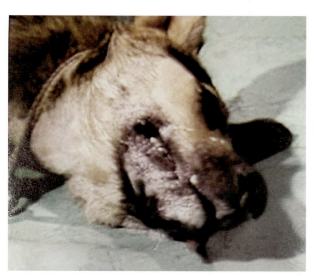

图3-4 病犬呼吸困难、口流泡沫
样分泌物
（引自孙锡斌等，2004）

图3-5 病犬进入麻痹期，呼吸衰
竭死亡
（引自孙锡斌等，2004）

【病理变化】病犬常无特征性眼观病理变化。一般表现为尸体消瘦，血液浓稠，凝固不良。口腔黏膜充血或糜烂，鼻、咽喉、气管及扁桃体炎性出血、水肿；胃空虚或有少量异物，黏膜充血；脑水肿，脑膜和脑实质的毛细血管充血，并常见点状出血。其他实质脏器没有明显的病理变化。

（二）布鲁氏菌病

布鲁氏菌病简称"布病"，是由布鲁氏菌属细菌引起的人畜共患传染病，主要侵害生殖系统和关节等部位。

【临床症状】母犬流产、死胎，产后子宫有长期暗红色分泌物，不孕，关节肿大，消瘦；公犬睾丸肿大，关节肿大，极度消瘦（图3-6、图3-7）。出现以上症状的病犬，怀疑感染布鲁氏菌病。

【病理变化】病犬常见的病变是胎衣部分或全部呈黄色胶样浸润，其中有部分覆有纤维蛋白和脓液，胎衣增厚并有出血点。流产胎儿主要为败血症病变，浆膜与黏膜有出血点与出血斑，皮下和肌肉间发生浆液性浸润，脾脏和淋巴结肿大，肝脏出现坏死灶。

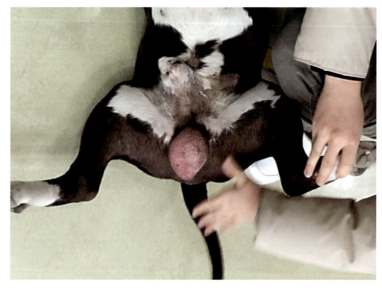

图3-6　公犬出现睾丸炎，睾丸明显肿大
（由黄薇提供）

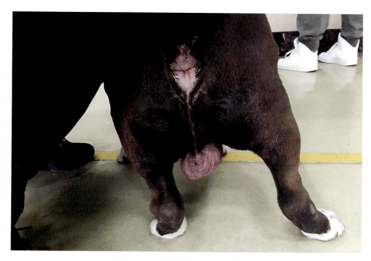

图3-7　公犬睾丸明显肿大
（由黄薇提供）

（三）犬瘟热

犬瘟热是由犬瘟热病毒引起的犬科、鼬鼠科及部分浣熊科的一种急性、高度接触性传染病。以患病动物出现双相热，眼部、鼻部、消化道黏膜出现炎症，皮肤湿疹和神经症状为特征。疾病后期部分病例可出现鼻翼和足垫皮肤高度角质化。

【临床症状】病犬眼、鼻出现脓性分泌物（图3-8至图3-10），鼻翼及足垫粗糙增厚，四肢或全身有节律性地抽搐（图3-11至图3-13）；有的出现发热，眼周红肿，打喷嚏，咳嗽，呕吐，腹泻，食欲不振，精神沉郁（图3-14、图3-15）。出现以上症状的病犬，怀疑感染犬瘟热。

【病理变化】自然感染病例脚底表皮角质层增生，致肉跖皮增厚变硬，形成跖皮硬化症或硬脚掌病，这种变化仅限于表皮层，可能发生真皮层充血和淋巴细胞浸润。呼吸道黏膜有卡他性或脓性渗出液，引起初发性增生性肺炎。幼犬常见出血性肠炎，年龄较大的犬则有较多的黏液。单纯性犬瘟热病毒感染，仅在上皮组织形成轻度卡他性炎症；若有细菌继发感染，尤其在后期，可见齿龈、咽喉、扁桃体、肋胸膜及肺的炎症。病理变化存在个体差异，有的以呼吸系统病变为主，有的则以消化系统病变为主。

图3-8　病犬眼睛湿润，有浆液性泪液
（引自孙锡斌等，2004）

图3-9　病犬出现脓性眼分泌物
（由陈建国提供）

图3-10　病犬流浆液性至脓性鼻液
（由陈建国提供）

图3-11　病犬鼻翼粗糙增厚，角质化
（由吕艳丽提供）

图3-12　病犬足垫表皮增生、角质化
　　　（由吕艳丽提供）

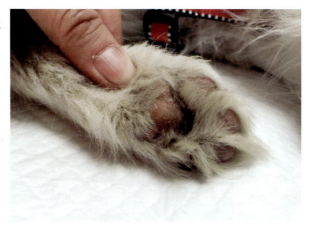

图3-13　病犬四肢阵发性抽搐
　　　（引自孙锡斌等，2004）

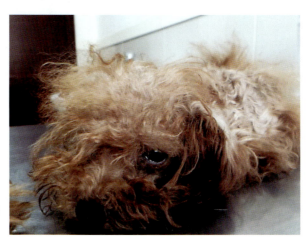

图3-14　病犬精神沉郁
　　　（由吕艳丽提供）

图3-15　病犬精神沉郁，出现脓性眼分泌物
（由陈建国提供）

（四）犬细小病毒病

犬细小病毒病是由犬细小病毒引起的一种急性、高度接触性传染病，分为急性出血性肠炎型和非化脓性心肌炎型。急性出血性肠炎型以病犬剧烈呕吐、小肠出血性坏死和白细胞减少为特征；非化脓性心肌炎型的病犬表现为急性非化脓性心肌炎。

【临床症状】病犬呕吐，腹泻，排咖啡色或番茄酱样血便，粪便带有特殊的腥臭气味（图3-16至图3-18）；发热，精神沉郁，不食（图3-19），严重脱水，眼球下陷，鼻镜干燥，皮肤弹力高度下降，体重明显减轻，突然呼吸困难，心力衰弱。出现以上症状的病犬，怀疑感染犬细小病毒病。

【病理变化】肠炎型病理变化主要见于胃肠道广泛出血性变化。空肠、回肠肠壁增厚，黏膜水肿。肠黏膜呈黄白色或红黄色，弥散性或局灶性充血，有的呈斑点状或弥散性出血，外观紫红色。小肠、结肠肠系膜淋巴结肿胀、充血、出血，切面呈大理石样。大多数病犬的盲肠、结肠、直肠黏膜肿胀，呈黄白色；结肠和直肠内容物稀软，呈酱油色，腥臭或恶臭，有的结肠和直肠黏膜表面散在针尖大出血点。心肌炎型病变主要

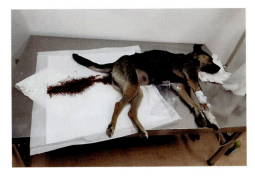

图3-16　急性出血性肠炎型病犬严重腹泻
（由吕艳丽提供）

图3-17　病犬精神沉郁并排出番茄酱样血便
（由由欣月提供）

图3-18　病犬排出的血便
（由由欣月提供）

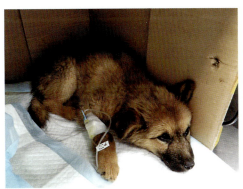

图3-19　病犬精神沉郁，不食
（由吕艳丽提供）

局限于心脏和肺脏，心脏扩张，心房和心室内有淤血块；心房、心室有界线不明显的苍白区，心肌上有灰色条纹；心肌和心内膜有非化脓性心肌炎，心肌纤维严重损伤，出现出血性斑纹、肺部水肿、局灶性充血和出血，表面色彩斑驳。

（五）犬传染性肝炎

犬传染性肝炎是由犬腺病毒引起的犬的一种急性、高度接触性、败血性传染病，其特征为血液循环障碍、肝小叶中心坏死以及肝实质细胞和内皮细胞出现核内包涵体，为全身性感染，尤其是肝脏病理变化显著。

【临床症状】病犬体温升高，精神沉郁；角膜水肿，呈蓝眼（图3-20、图3-21）；呕吐，不食或食欲废绝。出现以上症状的病犬，怀疑感染犬传染性肝炎。

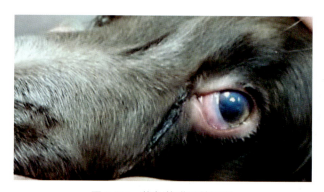

图3-20　蓝色薄膜覆盖眼球
（由吕艳丽提供）

图3-21　病犬发生间质性角膜炎，角膜
轻度浑浊，呈淡蓝色外观
（引自孙锡斌等，2004）

【病理变化】急性死亡病例，可见腹腔内有血样腹水，遇空气则凝固。肝肿大，包膜紧张，肝小叶清晰，实质呈黄褐色，并杂有多数暗红色斑点。胆囊壁由于高度水肿而显著肥厚。肠系膜有纤维蛋白渗出物，并可见体表淋巴结、颈淋巴结和肠系膜淋巴结肿大、出血。脾肿大，胸腺点状出血。

第二节　猫产地检疫

一、产地检疫对象

猫产地检疫的对象包括狂犬病、猫泛白细胞减少症。

二、检查内容

（一）狂犬病

狂犬病是由狂犬病病毒引起的一种严重侵害中枢神经系统的急性人畜共患传染病，病猫会出现神经兴奋和意识障碍，继之局部或全身麻痹而死亡。

【临床症状】出现行为异常、有攻击性行为、狂躁不安、发出刺耳的叫声、肌肉震颤、步履蹒跚、流涎等症状的病猫（图3-22至图3-24），怀疑感染狂犬病。

图3-22　病猫精神异常
（由知乎博主顽皮猫提供）

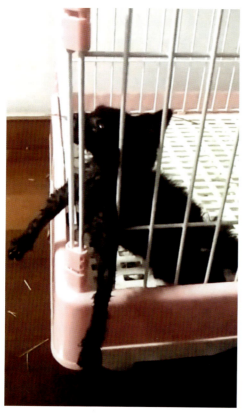

图3-24　病猫受刺激后容易兴奋、流涎
（由知乎博主顽皮猫提供）

图3-23　病猫有攻击性行为，狂躁不安
（由知乎博主顽皮猫提供）

【病理变化】尸体外观消瘦，有咬伤及撕裂伤。剖检无特征性变化，仅见口腔和咽喉黏膜充血、糜烂，胃内空虚或有异物，胃肠黏膜充血和出血，脑膜肿胀、充血和出血。

（二）猫泛白细胞减少症

猫泛白细胞减少症是由猫细小病毒引起的一种高度接触性、急性传染病，以突发双相高热、呕吐、腹泻、脱水、白细胞严重减少、出血性肠炎及高死亡率为特征，是猫最重要的传染病。

【临床症状】出现呕吐，体温升高，精神沉郁，不食，腹泻，粪便为水样、黏液性或带血，眼、鼻有脓性分泌物等症状的病猫（图3-25至图3-28），怀疑感染猫泛白细胞减少症。

图 3-25　病猫精神沉郁

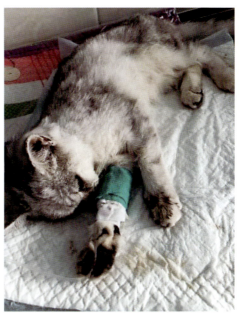

图 3-26　病猫不食，嗜睡
（由吕艳丽提供）

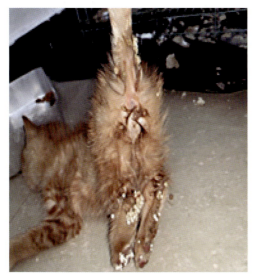

图 3-27　病猫肛门处有水样粪便
（由翟志安提供）

图 3-28　病死猫形态
（由翟志安提供）

【病理变化】病死猫尸体外观被毛粗乱、眼球下陷、腹部蜷缩、皮下组织干燥、消瘦、脱水、鼻眼出现脓性分泌物。剖检时内脏病变主要在消化道（图3-29），表现为胃肠空虚，黏膜充血、出血或水肿；肠道黏膜被纤维素性渗出物所覆盖，其中，空肠和回肠的病变尤为突出，肠壁增厚呈乳胶管状，肠内容物呈灰黄色、水样、恶臭；肠系膜淋巴结肿大、出血，切面呈现红灰或红白相间的大理石样花纹；胸腺萎缩、水肿；肝脏肿大呈红褐色；胆囊充盈，胆汁黏稠（图3-30）；脾脏出血；肺充血、出血、水肿。死于心肌炎综合征的病例，可见肺脏局部充血、出血及水肿，心肌红黄相间呈虎斑状，有灶状出血；此外，长骨的红骨髓呈脂样或胶冻样变化。

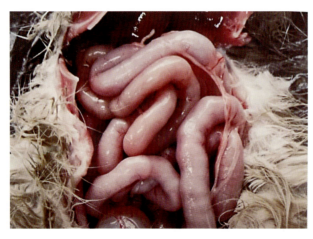

图3-29 病猫死亡后解剖，空肠、回肠局部充血，浆膜下出血
（引自崔治中等，2013）

图3-30 病猫死亡后解剖，肝脏淤血，胆囊充盈
（引自崔治中等，2013）

病理组织学变化主要表现为空肠绒毛上皮细胞和肠腺上皮细胞出现严重的细胞变性、坏死和脱落。脱落的坏死绒毛膜上皮细胞混入肠道渗出的纤维素中，呈现网状或均质红染。在小肠上皮细胞、肝细胞、肾小管上皮细胞、大脑皮层锥体细胞等可见有核内包涵体存在。心肌炎综合征病例的组织学特征为典型的非化脓性心肌炎变化，心肌纤维弥散性淋巴细胞浸润，间质水肿与局限性心肌变性，在病变的心肌细胞中，有时可发现包涵体和病毒粒子。

第三节　蜜蜂产地检疫

一、产地检疫对象

蜂蜜产地检疫对象包括美洲蜜蜂幼虫腐臭病、欧洲蜜蜂幼虫腐臭病、蜜蜂孢子虫病、白垩病、瓦螨病、亮热厉螨病。

二、检查内容

（一）美洲蜜蜂幼虫腐臭病

美洲蜜蜂幼虫腐臭病的病原为拟幼虫芽孢杆菌（*Paenibacillus larvae*）。该病是常发生于蜜蜂幼虫和蛹的细菌性传染病，仅危害西方蜜蜂，别名臭子病、烂子病、美洲幼虫病。一般发生在夏秋季节，轻者影响蜂群的繁殖和采集力，重者造成全群或全场覆灭。世界动物卫生组织（WOAH）将美洲蜜蜂幼虫腐臭病列为蜜蜂六大重要病原体之一（三类疫病），我国将其列为国家二类动物疫病。

【临床症状】子脾上幼虫日龄极不一致，出现"花子"现象。在封盖子脾上，巢房封盖出现发黑，湿润下陷，并有针头大的穿孔，腐烂后的幼虫（9～11日龄）尸体呈黑褐色并具有黏性，挑取时能拉2～5厘米长的丝，或干枯成脆质鳞片状的干尸，有难闻的腥臭味。出现以上症状的蜂群，怀疑感染美洲蜜蜂幼虫腐臭病。

（1）该病通常感染2日龄幼虫，4～5日龄发病，明显症状是幼虫大量死亡。

（2）封盖后的末龄幼虫和蛹死亡，死亡幼虫和蛹的房盖潮湿、下陷，后期房盖可出现不规则的穿孔（图3-31），封盖子脾上出现空巢房与卵房、幼虫房、封盖房相间排列，俗称"插花脾"，蜂群出现"见子不见蜂"（图3-32A）。

（3）用镊子从穿孔封盖内抽出幼虫尸体，死亡幼虫失去正常白色和光泽度，变为淡褐色，虫体萎缩、体表条纹突起，体壁腐烂，颜色逐渐呈棕色至咖啡色，幼虫组织腐烂后，有黏性且有鱼腥气味，挑出物可拉2～3厘米细丝（图2-32B）。

（4）幼虫尸体干瘪后变为黑褐色，呈鳞片状，紧贴巢房下侧房壁，与巢房颜色相似，难以区分（图3-32C）。

（5）蛹死亡干瘪后，吻向上方伸出（图3-32D）。

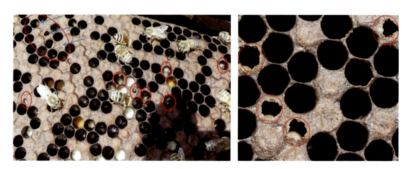

图3-31　巢房盖出现的不规则穿孔
（引自Masry等，2014）

【病理变化】将患有美洲蜜蜂幼虫腐臭病的蜜蜂尸体置瓷研钵中，加少量无菌水制成悬浮液，涂片，在室温下风干；再经酒精灯火焰固定，并滴加石炭酸复红液，加热至汽化染色5～8分钟；水洗后用95%酒精脱色30秒，经水洗后，再用碱性美蓝复染30秒；水洗后，置600～1 000倍显微镜下镜检，可发现大量游离红色椭圆形芽孢和蓝色的杆菌菌体（陈旧尸体一般检查不出菌体）。拟幼虫芽孢杆菌菌体细长呈杆状，大小为（2～5）微米×（0.5～0.8）微米（图3-33），革兰氏染色呈阳性，具周生鞭毛，能运动。在条件不利时能形成椭圆形的芽孢，中生至端生，孢子囊膨大，常常游离。

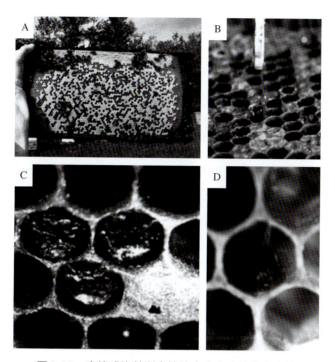

图 3-32　蜜蜂感染美洲蜜蜂幼虫腐臭病的临床症状
A.插花脾　B.典型的深棕色胶状幼虫尸体
C.干燥呈平整鳞片状虫尸　D.死蛹分解后吻向上方伸出
（引自 de Graaf 等，2006）

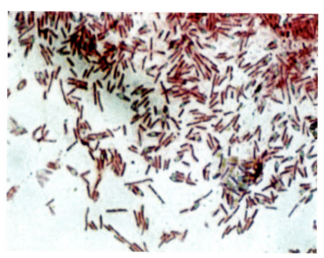

图 3-33　拟幼虫芽孢杆菌（×1 000）
（引自 WOAH，2016）

（二）欧洲蜜蜂幼虫腐臭病

欧洲蜜蜂幼虫腐臭病（European foulbrood disease）为细菌性感染病，其致病菌是蜂房蜜蜂球菌、变异蜜蜂链球菌、蜂房芽孢杆菌、粪肠球菌等，其中蜂房蜜蜂球菌（*Melissococcus pluton*）是欧洲蜜蜂幼虫腐臭病的主要致病菌，以2～4日龄未封盖的幼虫发病率和死亡率最高，蜂群患病后不能正常繁殖和采蜜。欧洲蜜蜂幼虫腐臭病又名欧洲幼虫病，被WOAH定为二类动物疫病。目前该病在世界各养蜂地区均有发现，传播迅速。中华蜜蜂（以下简称"中蜂"）对此病抵抗力弱，病情比意大利蜂（以下简称"意蜂"）严重。

【临床症状】在未封盖子脾上，出现虫卵相间的"花子"现象，死亡的小幼虫(2～4日龄)呈淡黄色或黑褐色，无黏性，且发现大量空巢房，有酸臭味。出现以上症状的蜂群，怀疑感染欧洲蜜蜂幼虫腐臭病。

（1）以2～4日龄幼虫发病率和死亡率最高，重病群幼虫巢脾出现"花子"现象，群势削弱。典型症状是3～4日龄未封盖的盘曲幼虫死亡（图3-34）。死亡幼虫初期呈苍白色，后变黄，然后呈棕色，最后呈黑褐色（图3-35）。幼虫尸体呈溶解性腐败，气管系统清晰可辨。有时，病虫在直立期死亡，与盘曲期死亡的幼虫一样逐渐软化，幼虫失去肥胖状态，身体塌陷，体节消失，逐渐在巢房底部腐烂，尸体残余物无黏性，用镊子挑取时不能拉成细丝。

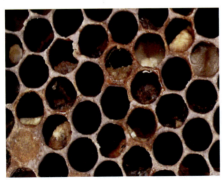

图3-34　欧洲蜜蜂幼虫腐臭病的病虫症状
（引自Forsgren等，2013）

图3-35　患病幼虫体色变化
（引自Forsgren等，2013）

（2）有时受感染的幼虫不立即死亡，也不表现任何症状，持续到幼虫封盖期才出现症状，如幼虫房盖凹陷或穿孔，受感染的幼虫有许多腐生菌，产生酸臭味。病虫尸体干后形成鳞片，干缩在巢房底，容易移出。

【病理变化】挑取具有欧洲蜜蜂幼虫腐臭病典型症状的病虫，加一滴蒸馏水，混合后涂在盖玻片上，风干，将菌面朝上，火焰热固定；在另一干净载玻片上涂一些镜油备用，用石炭酸品红染色5～7秒，再用水冲净染料；在盖玻片仍潮湿时，迅速将菌面朝下，放在涂有镜油的载玻片上，即可在显微镜下观察。在有镜油和水的区域，可看到游动的芽孢。蜂房球菌为革兰氏阳性厌氧菌，容易脱色，个体形状为圆形、披针样，无芽孢、无鞭毛，有时为多形和杆状（图3-36）。细菌细胞以单个、成对或不同长度的链状形式存在，大小为（0.5～0.7）微米×1.0微米（图3-37）。

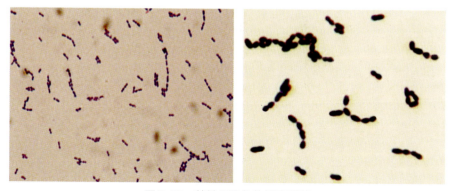

图3-36　革兰氏染色的蜂房球菌
（引自Forsgren，2010；Mohammad等，2017）

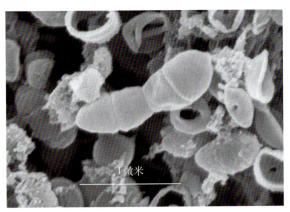

图 3-37　扫描电镜下的蜂房球菌
(引自 Forsgren，2010)

(三) 蜜蜂孢子虫病

蜜蜂孢子虫病是由微孢子虫寄生于成年蜜蜂中肠等组织而引起的一种慢性传染性疾病，病原体包括西方蜜蜂微孢子虫 (*Nosema apis*) 和东方蜜蜂微孢子虫 (*Nosema ceranae*)。微孢子虫只能寄生于成年蜜蜂中肠表面的黏膜内，引起成年蜜蜂消化道发生传染病。蜜蜂孢子虫病造成蜜蜂寿命缩短、蜂群生产力降低，给养蜂业带来巨大经济损失，是近年来影响世界养蜂业的主要病虫害之一。

【临床症状】在巢框上或巢门口发现黄棕色粪迹，蜂箱附近场地上出现腹部膨大、腹泻、失去飞翔能力的蜜蜂，据此怀疑感染蜜蜂孢子虫病。

患病初期蜜蜂一般无明显症状 (图 3-38)，而感染后期由于蜜蜂微孢子虫破坏了蜜蜂的中肠肠黏膜，对其消化机能造成严重影响。该病能引起患病蜜蜂出现头尾发黑、萎靡不振、翅膀发抖等现象，严重者失去飞翔能力，行动迟缓，成为"爬蜂"，同时排泄物呈褐色或深黄色，有腥臭味，并伴有腹胀和下痢症状。拉出中肠可见中肠环纹消失，肿胀发白，失去弹性，后肠充满粪便 (图 3-39、图 3-40)。三型蜂均可被感染，但以工蜂感染最为严重，雄蜂次之，蜂王最低。就日龄而言，工蜂日龄越大，患病率越高。但两种微孢子虫感染蜜蜂后，表现略有不同。西方蜜蜂微孢子虫感染的工蜂，属急性感染，工蜂出现颤抖、腹胀、腹泻，蜂箱周围死蜂较多，冬春季节

图 3-38　正常的蜜蜂中肠
（引自 Shahnawaz 等，2013）

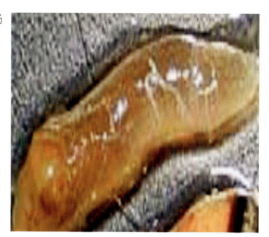

图 3-39　感染微孢子虫的蜜蜂中肠（环纹消失）
（引自 Shahnawaz 等，2013）

图 3-40　感染微孢子虫的蜜蜂中肠
　　　（肿胀发白）
（引自 Shahnawaz 等，2013）

患病率高，称为A型（Type A）感染；而东方蜜蜂微孢子虫感染的工蜂无下痢症状，不易察觉，称为C型（Type C）感染。蜂王被感染后，产卵量下降，会很快被淘汰或替换。

【病理变化】正常的蜜蜂中肠呈半透明状，肠道内食物（花粉）颜色可见，环纹细腻，弹性好。感染严重的病蜂中肠呈白色，肿胀明显，环纹粗重，弹性差，拉扯时易断。由于微孢子虫特殊的孢壁结构，在显微镜下能反射亮光，因此可以在显微镜视野内观察到椭球形的明亮孢子。取新鲜个体，从腹末端缓慢拉出消化道；截取1～2毫米大小的中肠后部组织置于载玻片上，滴10微升纯水，盖上盖玻片，避免压入气泡；轻轻挤压盖玻片，使组织块铺展成薄片；置400～600倍显微镜下观察，现大量长椭圆形大小的孢子。或按照每只蜜蜂样本加入1毫升水的比例，将获取的蜜蜂样本（或取腹部）先用1/3的水充分捣碎，再加入剩余的水混合均匀，取微量置于血球计数板上，用光学显微镜即可看到感染情况（图3-41至图3-45）。

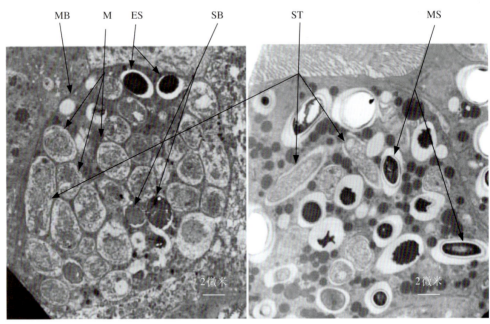

图3-41 不同发育阶段的微孢子虫侵染蜜蜂中肠上皮细胞
M.裂殖体 ST.母孢子 SB.成孢子细胞 MS.成熟孢子
MB.中肠上皮细胞的细胞膜 ES.孵化出孢子的空壳
（引自Chen等，2009）

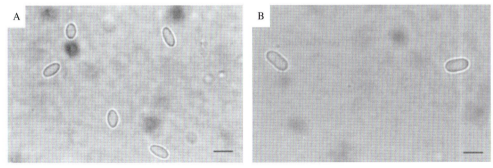

图3-42 光学显微镜下的蜜蜂微孢子虫孢子（一）
A.东方蜜蜂微孢子虫 B.西方蜜蜂微孢子虫
（引自Fries等，2006）

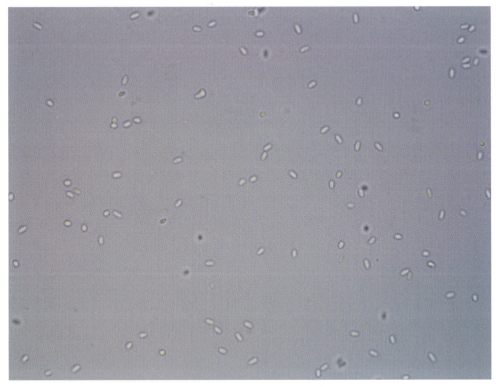

图3-43 光学显微镜下的蜜蜂微孢子虫孢子（二）
（由黄少康、何楠提供）

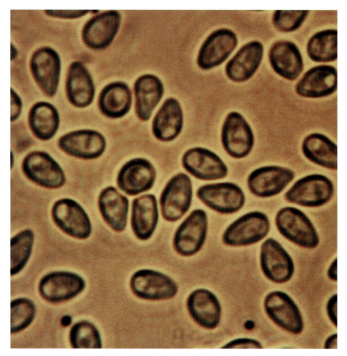

图 3-44　光学显微镜下观察到的蜜蜂微孢子虫孢子形态（一）
（引自 Heinz，2015）

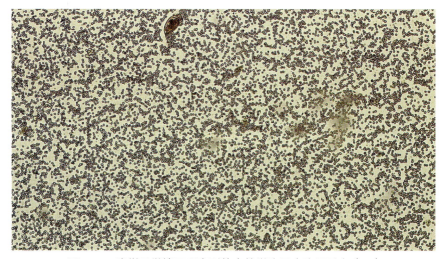

图 3-45　光学显微镜下观察到的蜜蜂微孢子虫孢子形态（二）

（四）白垩病

白垩病又称石灰子病，是由蜜蜂球囊菌（*Ascosphaera apis*）寄生引起蜜蜂幼虫死亡的真菌性传染病。病死幼虫呈石灰块状，又称石灰蜂子。目前在全国范围流行，主要发生于西方蜜蜂，危害严重。

【临床症状】在箱底或巢门口发现大量体表布满菌丝或孢子囊，质地紧密的白垩状幼虫或近黑色的幼虫尸体时，判定为白垩病。白垩病通常发现在幼虫脾外缘，主要使老龄幼虫或封盖幼虫死亡。约4日龄雄蜂幼虫最易感染。发病初期，被侵染的幼虫体色不变，为无头白色幼虫；发病中期，幼虫身体柔软膨胀，虫体充满巢房，体表开始长满白色的菌丝；发病后期，幼虫体逐渐失水、萎缩、变硬，死亡幼虫最初呈苍白色，以后变成灰色至黑色石灰状硬块。死虫除头部外，几乎都被蜜蜂球囊菌所包裹（图3-46）。重病群封盖房内有坚硬僵尸，抖动巢脾发出声响，工蜂将死尸清除，在巢门前地面上可见黑白相间像葵花子颗粒状幼虫病体（图3-47至图3-49）。感染幼虫前3天无明显症状表现，多数幼虫在第5天死亡。

图3-46　被蜜蜂球囊菌包裹的蜂蛹

图3-47　黑白相间蛹
（引自Guido等，2020）

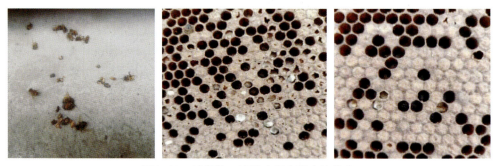

图3-48　蜂箱外、蜂脾上患白垩病的幼虫

图3-49　蜂箱门口被工蜂移除的患白垩病的幼虫

【病理变化】蜜蜂球囊菌是异菌体型，只有在两种不同株菌丝相互接触的地方才能形成子囊孢子，孢子在暗绿色的孢子囊里形成，球状聚集（图3-50）。孢子囊的直径为47～140微米，单个孢子呈椭圆形，大小为（3.0～4.0）微米×（1.4～2.0）微米。具有很强的生命力，在自然界中保存15年以上仍有感染力。挑取少量病死幼虫尸体表面物于载玻片上，加一滴蒸馏水，在低倍显微镜下观察，可看到白色似棉纤维般的菌丝和含有孢子的孢子囊。

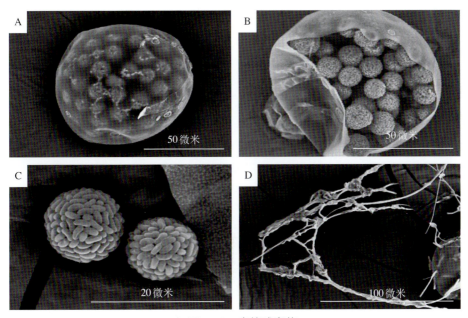

图3-50　蜜蜂球囊菌
A.闭囊壳完整的孢子囊　B.闭囊壳破裂的孢子囊　C.孢子　D.菌丝
（引自陈大福，2017）

（五）瓦螨病

瓦螨属于蜜蜂的外寄生螨类，可分为四种：雅氏瓦螨（*Varroa jacobsoni*）、狄斯瓦螨（*Varroa destructor*）、恩氏瓦螨（*Varroa underwoodi*）和林氏瓦螨（*Varroa rindereri*）。目前，狄斯瓦螨被认为是对世界各国养蜂业尤其是对西方蜜蜂饲养业危害最大的蜜蜂寄生虫害。被其寄生感染的蜂群，个体发育不良，群势衰弱，生产力大减，危害严重时甚至会造成全群覆灭。

【临床症状】在巢门口或附近场地上出现蜂翅残缺不全或无翅的幼蜂爬行，以及死蛹被工蜂拖出等情况时，怀疑感染瓦螨病或亮热厉螨病。从2个以上子脾中随机挑取50个封盖房，逐个检查封盖幼虫或蜂蛹体表有无蜂螨寄生（图3-51）。其中一个蜂群的狄斯瓦螨平均寄生密度达到0.1以上，判定为瓦螨病。

图3-51　寄生于蜜蜂幼虫、成蜂体上的狄斯瓦螨

【病理变化】瓦螨主要寄生于成年蜜蜂及封盖子上，其口器能刺穿成蜂腹部节间膜，吸食脂肪体或血淋巴，有时也可见于蜜蜂头部与胸部之间。成蜂及幼虫若被一只大蜂螨寄生，将会表现出不同病症，如寿命缩短、行为异常、疫病易感性增加等。若多只瓦螨侵入封盖子繁殖，寄生情况会极为严重。蜂群只有在即将崩溃前才会表现病症，如翅膀畸形、腹部缩短、失去飞翔能力等，幸存幼虫羽化后会表现出各种异常行为，体质衰弱，且寿命明显缩短，整个蜂群失去生产能力或生产能力低下，如果不用药物治疗一般1～2年内全部死亡。

蜂群繁殖季节初期，瓦螨数量增长缓慢。生产中，在整个蜂群繁殖季节随时可以观察到螨害的感染症状，尤其在蜂群进入繁殖后期，瓦螨数量达到最高峰时很容易观察到瓦螨感染的临床症状。在封盖子和成蜂上，瓦螨寿命取决于温度和湿度，其寿命从几天到几个月不等。可根据巢门前死蜂情况和巢脾上幼虫及蜂蛹死亡状态来初步判断瓦螨感染情况。一般地，感染了瓦螨的蜂群，在巢门前可发现许多翅、足残缺的幼蜂爬行，并有死蜂蛹被工蜂拖出等情况，在巢脾上会出现死亡变黑的幼虫和蜂蛹，并可在蛹体上见到狄斯瓦螨若虫或幼虫附着。

（六）亮热厉螨病

【临床症状】在巢门口或附近场地上出现蜂翅残缺不全或无翅的幼蜂爬行，以及死蛹被工蜂拖出等情况时，怀疑蜂群感染瓦螨病或亮热厉螨病。从2个以上子脾中随机挑取50个封盖房，逐个检查封盖幼虫或蜂蛹体表有无蜂螨寄生。 其中一个蜂群的梅氏热厉螨平均寄生密度达到0.1以上（图3-52），判定为亮热厉螨病。

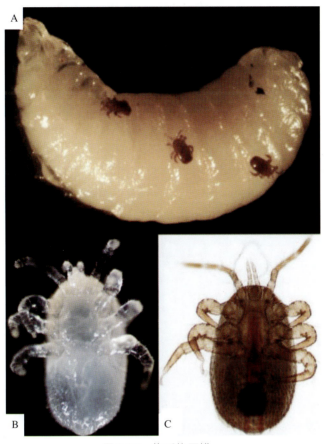

图3-52　梅氏热厉螨
A.感染梅氏热厉螨的5日龄蜜蜂幼虫　B.梅氏热厉螨若螨　C.雌性梅氏热厉螨成螨
（引自Dong等，2017）

小蜂螨主要取食蜜蜂幼虫和蛹的血淋巴，常导致大量幼虫变形或死亡，死亡幼虫或蛹尸体会部分向巢房外突出，勉强出房的成蜂表现出体型和生理上的损害，包括体重减轻、寿命缩短、腹部扭曲变形、翅不能伸展或残缺、畸形足或无足。感染严重的蜂群，在蜂箱前经常会看到蜂体发生变形的幼虫、蛹和大量爬蜂，也会看到蜂群群势下降或弃巢飞逃。由于小蜂螨发育期短，繁殖速度较大蜂螨快，若防治不及时，极易造成全群毁灭。

【病理变化】小蜂螨个体小，不易被发现。它们在雄蜂和工蜂封盖房里繁殖，寄生水平均能达到90%，但是感染雄蜂封盖子的概率是工蜂的3倍，一般不危害成蜂，但依靠成蜂来扩散种群。被小蜂螨感染的蜂群，当抽出子脾、抖掉成蜂后，对着阳光敲击巢脾，可观察到小蜂螨在脾面上快速逃窜。小蜂螨侵染后，会出现子脾封盖不整齐、房盖穿孔、蜜蜂幼虫死亡或畸形等变化，成年工蜂会出现残翅、畸形或在巢门口爬行等状况。

第四节　实验室检测

犬、猫和蜜蜂在检疫现场查验过程中，若怀疑患有检疫规程规定的疫病或发现其他异常情况的，应当进行实验室检测。需要进行实验室疫病检测的犬和猫，应当逐只开展检测，蜜蜂按照《蜜蜂检疫规程实验室检测方法》进行检测。

一、检测资质

具有检测资质的实验室有动物疫病预防控制机构、取得相关资质认定、国家认可机构认可或者符合省级农业农村主管部门规定条件的实验室。

二、实验室检测疫病种类

犬：狂犬病、布鲁氏菌病、犬瘟热、犬细小病毒病、犬传染性肝炎。
猫：狂犬病、猫泛白细胞减少症。
蜜蜂：美洲蜜蜂幼虫腐臭病、欧洲蜜蜂幼虫腐臭病、蜜蜂孢子虫病。

三、检测方法

狂犬病：按照《狂犬病防治技术规范》和《动物狂犬病病毒中和抗体检测技术》（GB/T 34739—2017）进行检测。

布鲁氏菌病：按照《动物布鲁氏菌病诊断技术》（GB/T 18646—2018）进行检测。

犬瘟热：按照《犬瘟热诊断技术》（GB/T 27532—2011）进行检测。

犬细小病毒病：按照《犬细小病毒病诊断技术》（GB/T 27533—2011）进行检测。

犬传染性肝炎：按照《犬传染性肝炎诊断技术》（NY/T 683—2003）进行检测。

蜜蜂疾病：按照《蜜蜂产地检疫规程》进行检测。

四、检测要求

犬、猫逐只检测，检测比例100%。

狂犬病抗体检测时限要求在免疫期内。

病原学检测结果：对疫病进行病原学检测的，抗原检测结果阴性为检测合格。

抗体检测结果：对疫病进行抗体检测的，根据是否进行免疫判断抗体检测结果。未免疫的，抗体检测结果阴性为检测合格；已免疫的，抗体检测结果阳性且抗体水平达到规定的免疫合格标准为检测合格。